AF466061

LE PHÉNIX,

OU

L'OISEAU DU SOLEIL.

31817

IMPRIMERIE DE J. TASTU,
RUE DE VAUGIRARD, N° 36.

LE PHÉNIX,

OU

L'OISEAU DU SOLEIL.

PAR ANTOINE MÉTRAL.

Finitque in odoribus ævum.
Ovide, *Mét.*, l. xv.

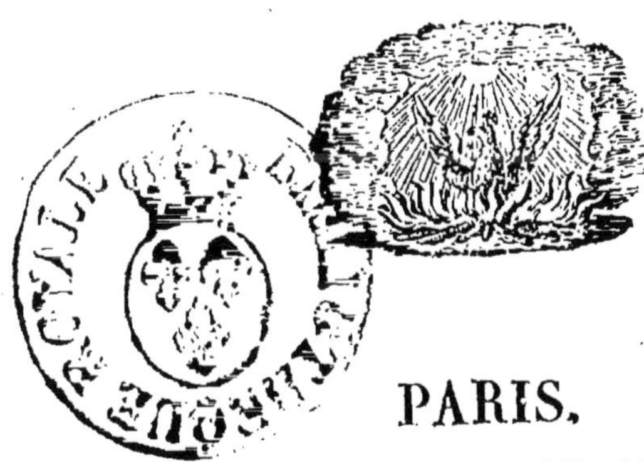

PARIS.

CHEZ LES MARCHANDS DE NOUVEAUTÉS.

1824.

AVERTISSEMENT.

L'HISTOIRE du Phénix n'a jamais été faite ; je l'ai entreprise avec de nombreux et riches matériaux extraits des auteurs anciens. Je ne les ai pas tous cités, de peur de nuire à la marche du style. M. Marcoz, dont le nom est recommandable dans les sciences, se propose de considérer le Phénix sous des rapports purement astronomiques ; je ne l'ai vu que sous des rapports littéraires.

Dans cette vue, il m'a semblé que c'était non-seulement un des morceaux les plus curieux de la mythologie, mais qu'on y retrouvait l'histoire d'Égypte. Cette découverte qui repose sur le génie allégorique de l'Orient, est démontrée par des preuves suffisantes. Si pourtant elle était combattue, je ne m'en étonnerais pas. On ne fait rien de neuf sans exciter quelques clameurs; le temps seul, ami de la vérité, met tout à sa place; il signale les illusions ou confirme les découvertes.

Ainsi le Phénix peut être envisagé sous un triple rapport; il appartient à l'astronomie, à la mythologie, à l'histoire. Dans ce triple objet on sent de quelle importance est son étude; et ce n'est pas, comme dit Larcher, une fable ridicule venue des temples égyptiens; de ces temples d'où la sagesse même est sortie pour faire le tour du monde.

Aussi, dans les temps anciens, tous les hommes du plus grand génie ont parlé du Phénix comme d'une chose admirable et de science profonde ; et son nom devenu populaire n'a cessé de retentir dans la postérité avec celui de l'Égypte. Sa vie qui peut être donnée en exemple aux citoyens, aux nations, aux prêtres, aux rois, offre des scènes pathétiques où brille la vertu. L'admiration, le charme, la curiosité, ce que le devoir a de plus héroïque, s'attachent à toutes ses actions, et je ne crois pas qu'avec un cœur compatissant, il soit possible de le voir mourir dans les flammes, sans lui donner quelques larmes.

J'ai arrangé son histoire, sans altérer les traditions, de manière à ce qu'elle pût être utile au savant, divertissante pour le peuple, agréable aux femmes, et que même la nourrice pût en amuser son enfant au berceau. De graves docteurs ne manqueront pas de se formaliser de ce que je fais un joujou d'un livre d'érudition; je leur réponds que la science n'a pas de hauteur escarpée, qu'une femme ou même un enfant ne puisse atteindre, lorsqu'on prend la peine d'en aplanir la route. A plus forte raison, quand cette route est susceptible d'être ornée d'ombrage et de fleurs; ce n'est plus une fatigue, mais une promenade délicieuse.

D'ailleurs ne faut-il pas environner un objet d'une plus grande lumière, pour l'exposer aux regards de la multitude, que pour le montrer seulement à quelques initiés? et cette grande lumière ne sert-elle pas à mieux éclairer les régions encore obscures de l'antiquité, que tant de discussions entassées et oubliées dans les recueils des Académies? Celui qui a le bonheur de se rendre maître de son sujet, l'embrasse dans toute son étendue, le saisit dans ses détails, le manie à son gré, l'enrichit des couleurs qui lui sont propres, et y répand des clartés inattendues qui frappent tous les yeux.

Je ne me dissimule point les obstacles que présente un sujet si nouveau. Je voulais l'écrire dans le style le plus uni; mais sous une apparence de simplicité, il n'en a pas moins une élévation qu'il est difficile d'atteindre. Tout est poétique dans le Phénix, et la pensée des historiens et des poëtes s'est toujours agrandie, quand ils l'ont peint dans leurs écrits. Je leur dois la plupart des beautés originales que renferme mon ouvrage, où j'ai rassemblé en un seul faisceau les traits épars de leur génie.

LE PHÉNIX,

OU

L'OISEAU DU SOLEIL.

CHAPITRE PREMIER.

De la ressemblance du Phénix avec l'aigle.

LE Phénix, oiseau célèbre par sa beauté, admirable dans ses mœurs, merveilleux par sa reproduction, occupe le rang de ministre du soleil; il mesure le temps par de grandes périodes, et renaissant de sa cendre, il signale l'immortalité. Dans lui respirent le savoir, la sagesse et les vertus de l'Égypte; le pays qu'il habite est placé sous un ciel serein, il est régulièrement inondé par une source sacrée. Ses travaux en astronomie, l'architecture de son nid, ses chants pieux, ses funérailles, sa singularité, tout montre l'histoire d'un grand peuple dans celle d'un simple oiseau.

Astre, sans qui tout serait ténèbre et confusion, l'espace des siècles privé de mesure, la terre aveugle, toi qui fus adoré comme dieu par des cœurs naïfs et sauvages; toi dont la présence ramène dans toute la nature des fêtes semblables à celles de la liberté, et dont l'absence y cause une tristesse pareille à celle de la servitude; soleil! un seul rayon de ta lumière suffit pour embraser mon ame. Que mon esprit animé par toi crée un ouvrage digne du Phénix, ton disciple, ton interprète, ton oiseau chéri! Fais que sur ses ailes étoilées d'or et d'azur, il sauve ma mémoire des écueils et des naufrages, semés de toutes parts sur les routes de l'immortalité.

Le Phénix ressemble à l'aigle: il a son air, son port, sa grandeur et sa majesté (1); mais il

(1) Herodote, l. 2. Solin, chap. 33, et Philost., l. 3°.

n'a point ses mœurs altières et farouches; il ne va point au-dessus des nues braver la foudre; et, du haut des airs, il ne se précipite point sur la colombe pour lui déchirer les flancs avec des serres cruelles; son regard est doux, celui de l'aigle est terrible; jamais les rivages des mers ou des fleuves, les antres des montagnes n'ont retenti de ses cris aigus et clapissans; à l'imitation de l'aigle, il ne suspend point son nid à quelque rocher escarpé; ce n'est point parmi les jeux de sa férocité qu'il nourrit ses petits; son nid n'est pas le siége de la terreur, et n'est pas dégouttant de sang.

Les nations ont le caractère des animaux qu'elles adoptent pour emblême. Les aigles romaines, traînant à leur suite la servitude sous des lauriers teints de sang, ont ravagé l'univers. Ni des champs de carnage, ni le tumulte des camps, ni des nations écrasées n'eurent de charmes pour l'Égypte : son humeur était pacifique comme celle du Phénix. Le génie paisible des arts, et non pas le fer et la flamme, étendit si loin sa gloire dans l'avenir.

La ressemblance du Phénix avec l'aigle n'est pas sans contradictions : les uns assurent qu'il a presque le double de grandeur; les autres le comparent, pour la proportion du corps, au paon qui porte des ailes d'or et d'argent; d'autres l'ont cru tantôt supérieur, tantôt inférieur en beauté (1); ceux-ci, tombant dans de ridicules exagérations, lui attribuent des formes de géant, et vont jusqu'à dire qu'on n'en voit point de semblables parmi les oiseaux, les bêtes féroces, et même les monstres (2); ceux-là, n'apercevant que grace, souplesse, agilité dans le Phénix, ont soutenu qu'il n'avait rien de

(1) Tzetzes, l. 5, vers 387, ex Philostrati, l. 3°.

(2) Epiph. in Physiologo, c. XI. Pline, Hist. nat., l. 10, c. 2.

commun avec ces oiseaux gauches dans leur manière, lents dans leur démarche, paresseux par le poids de leur masse (1).

Lorsque Moïse envoya un Hébreu pour découvrir la Terre-Promise, le Phénix se montra aux regards de cet envoyé : « J'ai aperçu, dit-il, un oiseau étrange, merveilleux, et tel qu'il ne s'en est jamais vu ; sa grandeur est presque le double de celle de l'aigle ; son plumage est orné de diverses couleurs ; sa gorge est pourpre, ses jambes sont rouges, le derrière de son cou est

(1) Lactance, Bibli. max. S. P., t. 3, p. 670.

couvert d'un duvet de safran ; la prunelle de ses yeux est ronde, jaune, semblable à la graine d'un fruit ; son chant est harmonieux ; les oiseaux se pressent autour de lui pour l'admirer (1). »

Ce portrait séduisant par sa touche naïve, ne montre que les principaux traits de sa beauté, mais n'indique point la richesse de son instinct, ses goûts simples, ses occupations utiles, et sa mort aussi prodigieuse que sa naissance. Jamais on ne saurait trop contenter la curiosité qui s'attache à lui. C'est un prisme dont

(1) Ézéchiel, cité par Larcher sur le Phénix, Mém. de l'Institut, t. 1. Hist. litté. An. d'après Eusèbe.

chaque face offre des charmes divers; l'imagination enflamme de plus en plus la pensée, à mesure qu'on s'efforce de le connaître davantage. Ainsi qu'un astre qui, voyageant dans l'immensité de l'espace, n'est que rarement aperçu, de même le Phénix nous apparaît dans l'ombre des temps, radieux, vénérable, ami de nos destins.

CHAPITRE II.

De l'instinct admirable du Phénix et de son brillant plumage.

Le Phénix jouit d'un instinct égal au bon sens d'un dieu; son cœur ne brûle que de feux vierges; sa frugalité lui donne une vieillesse égale à sa jeunesse; il meurt dans des parfums; un nid est son tombeau; sa cendre est féconde; sa piété filiale fait de magnifiques funérailles à son père; son industrie égale son activité; il ne se complaît que dans la justice, l'ordre et la durée. Le regard constamment attaché sur les routes de cercles et de feux que parcourt le soleil, il lui rend des hommages, il obéit à ses lois, il mesure les siècles, il sait le passé, il prévoit l'avenir. Planant sur les sommités de l'astronomie, les murs des temples égyptiens sont ses registres, les zodiaques ses annales, les prêtres ses greffiers. Il met sa joie dans ses chants dont rien n'égale la mélodie. Tant de riches qualités ont attiré sur lui les regards de l'univers.

L'Egypte avait des vertus pareilles; elle jouissait d'une raison éclairée et forte; elle aimait l'ordre, cultivait la justice, et montrait en tout de la constance. Chaste dans ses mœurs, ses plaisirs étaient sans licence. On vantait son penchant aux bienfaits; sa piété répondait à la grandeur des dieux. L'astronomie qui tenait le premier rang dans l'ordre de ses méditations était l'ame de toutes ses autres connaissances. Sa frugalité prolongeait la vie, prévenait les maladies, éloignait les infirmités de la vieillesse. L'Egypte immortalisait la mort qu'elle plaçait dans des parfums. Les mâles accens de musique animaient ses fêtes religieuses. Sa sagesse l'a rendue célèbre chez toutes les nations.

Admirons les couleurs qui embellissent le Phénix ; la nature ni l'art n'ont jamais rien fait de si beau. Le dessus de son cou doré est couvert d'un duvet de safran ; le pourpre brille sur sa gorge, mollement agité par les caresses du zéphir et les mouvemens de son sein. Des rayons d'or et de feu jaillissent en mille éclairs de ses ailes, impatientes de mesurer l'immensité ; sa queue, plus belle que celle des oiseaux attelés au char de Junon, est scintillante des reflets de l'or le plus pur (1). Il n'en déploie pas les richesses

(1) Solin., c. 3. Notes de Saumaise sur Solin. Hérodote, l. 2.

comme le paon tourmenté d'un stupide orgueil.

C'est sur un fond d'iris le plus pur que ces riches couleurs s'allient, se nuancent et se confondent avec une magie qui fait errer les regards, les subjugue et les enchante. Tantôt on croirait que la beauté l'emporte sur la grâce, tantôt la grâce sur la beauté. Ainsi s'unit le jaune du safran au fruit du grenadier, ou bien brille la feuille tremblante du pavot sauvage. Flore, étalant ses vêtemens onduleux à la lueur vermeille du matin, n'a pas tant d'éclat; les roses du teint d'une vierge, l'incarnat de sa bouche naïve, l'azur de ses yeux où se peint la candeur de son ame, ont un charme moins puissant (1).

L'œil du Phénix a le brillant de l'hyacinthe, roule du feu, lance des éclairs dans les ténèbres, et fixe le soleil. Ses jambes couvertes d'écailles d'or paraissent de flamme. L'acier le plus poli n'est pas plus dur que ses pieds; ses ongles teints de rose sont vierges de sang. Parmi tant de couleurs qu'on ne saurait comparer qu'au foyer lumineux de pierres précieuses mariées ensemble par un artiste savant, la verdâtre émeraude ne fait que mieux ressortir ce qu'il a de blan-

(1) Lactance.

cheur; il paraît entouré d'une atmosphère lumineuse (1). Ainsi resplendit l'astre du jour lorsque, versant des torrens de lumière, il communique ses feux à toute la nature, et réchauffe dans tous les cœurs les passions que le sommeil assoupit, ou que les songes transforment en fantômes.

Tout brillant d'or, d'azur et de pourpre, le Phénix anime avec ses couleurs les monumens d'Egypte. Partout on les retrouve dans les palais, dans les temples,

(1) Epiph. in Phys., c. XI de Phœnice. Ex se radios emittere. Ex Philostrato, l. 3. Plinii, Hist nat., liv. 10, c. 2.

dans les tombeaux ; elles servent à peindre les dieux, colorer les hiéroglyphes, représenter les scènes de la civilisation, tracer les mouvemens des astres. L'art ne peut les égaler, le temps ne peut les détruire ; leur fragilité brille d'un éclat immortel. Quarante siècles n'ont pas fané leur fraîcheur virginale.

Une double crête dont les contours, le centre et le fond composent un nid qu'on dirait fait de la main des Grâces, sert d'ornement à la tête du Phénix (1) ; elle couvre son cerveau, siége

(1) Pline, l. xi, c. 37. Solin, c. 33. *Voy.* la figure, Acta erudit., p. 587.

de son intelligence, atelier de ses méditations, dépositaire de son savoir. Cette crête le distingue de la multitude des oiseaux, comme les pyramides distinguent l'Egypte des autres nations.

Vainement cherche-t-on le Phénix sur les monumens de l'Egypte, on ne le trouve pas, à moins qu'on ne prenne pour lui des figures ressemblant grossièrement à l'aigle, et tracées sur les colonnes du temple de Philæ (1). Quoique ces figures aient des ailes en partie rouges, en partie dorées, et que des étoiles

(1) Antiq. d'Egypte, pl. 16, n° 1, 2. Pl. 22, 23, 18.

soient placées entre leurs pates comme signe astronomique, elles ne paraissent pas appartenir au Phénix, soit par la place qu'elles occupent au piédestal des statues et au bas des colonnes, soit par leur nombre multiplié.

Le Phénix étant unique de sa nature, ne doit pas se trouver en compagnie avec d'autres Phénix, sur les monumens où son rang lui assure une place distinguée. Aussi ces prétendus Phénix ont-ils peu de rapport avec les médailles des Romains qui avaient vu, comme Hérodote, le Phénix. Sur ces médailles, frappées pour la plupart à Alexandrie, on le voit toujours semblable à l'aigle, tantôt ayant à ses pieds un globe, signe de sa puissance; tantôt portant autour de sa tête une couronne dont le centre est son œil, pour figurer l'astre de la lumière (1); tantôt placé sur un nid construit avec de petites branches; tantôt, les ailes déployées, mourant au milieu des flammes; quelquefois son nid est placé sur un rocher (2).

On ne trouve aucun de ces caractères auprès des oiseaux de Philæ qui n'ont que de la bon-

(1) Caylus, Ant. égypt., t. 5, tab. 26, n° 6. Sphan, t. 1, p. 287.

(2) Acta erudit., an 1684, p. 584, 587, 588. Mionnet, t. 6, n° 1424, 1566, 1567. Achilles Tatius de clit. et luc. amoribus. l. 3.

homme dans leur attitude. Si donc le temps n'a pas tout-à-fait effacé son image des monumens égyptiens, rien ne se rapproche autant de la description donnée par les écrits de l'antiquité, que la figure placée sur l'obélisque du Caire (1). C'est un véritable aigle debout, seul, dans une position remplie de grâce et de fierté, ayant la tête décorée d'une crête. Quoiqu'il ne soit accompagné d'aucun signe céleste, il pourrait bien être le Phénix. Dans cette incertitude, les savans espèrent découvrir quelque jour

---

(1) Antiquités d'Egypte, tom. 5, pl. 2, n° 2.

son image d'une manière plus certaine.

Le Phénix a donné son nom au palmier qui se nomme aussi *phœnix* ; le fruit de cet arbre exposé au feu devient rouge comme du sang, et cette couleur domine dans son plumage. Cette ressemblance de nom et de couleur tient à d'autres rapports. Le palmier, comme le Phénix, renaît de lui-même ; l'un est l'oiseau, l'autre l'arbre du soleil (1). Rien n'était donc plus convenable que d'attacher le nom du Phénix à l'arbre qui fait l'ornement des rivages du Nil, qui couvre de son

---

(1) Epiphan de Phœnice. Pline, l. 3, c. 4.

ombre tant de débris de colonnes dont il est le premier modèle; qui calme la faim, apaise la soif, tempère les feux du jour; qui, durant les débordemens du fleuve, offre aux habitans ses branches hospitalières, où, dans des hamacs suspendus sur les eaux, reposent l'époux, la mère et l'enfant; et lorsque le Nil atteint les hauteurs où sont bâtis les villages, des familles entières vivent ainsi dans les airs à l'aide du palmier.

CHAPITRE III.

Description du charmant pays habité par le Phénix, et de ses occupations sublimes.

VERS les confins de l'Orient où s'ouvrent les portes éternelles du pôle, est située, dans l'Inde ou plutôt en Arabie, la région fortunée habitée par le Phénix (1). Là, ni le feu brûlant des étés, ni l'âpreté des hivers ne se font point ressentir; le soleil y verse

(1) Lactance. Hérodote, l. 2. Ezéchiel dans Euseb. prep. ev. Pline, l. 10, c. 2.

sans cesse l'égale et douce lumière de l'axe du printemps. Là, sur une plaine dont l'œil embrasse l'étendue, ne s'élève aucune sommité; on n'y voit ni vallées profondes, ni gorges tortueuses. C'est dans cette contrée, qui domine de douze coudées les monts les plus élevés, que se trouve la forêt du Soleil. Les arbres qui en font l'ornement sont chargés de fruits qui ne se détachent point de leurs tiges molles, onduleuses, mais suspendues avec orgueil (1).

On jouit dans ce bois sacré d'une verdure éternelle : jamais

---

(1) Lactance.

la fraîcheur de ses ombrages n'est violée ; toujours on y goûte une douceur inaltérable. Après un long exil, l'air de la patrie n'a pas plus d'ivresse. Il ne fut pas brûlé quand Phaéton incendia l'univers dans sa course enflammée. Les eaux de Deucalion ne le submergèrent point; respecté même par les cataractes du déluge, il fut témoin de la ruine du genre humain.

On ne connaît dans ce lieu ni la pâle maladie, ni l'amère vieillesse. La noirceur du crime, les agitations de la crainte, le désir immodéré des richesses, les fureurs enivrantes de Mars sont bannies de ce séjour de délices (1) ; on y est exempt des lamentations du deuil ; la pauvreté n'y est point sans vêtemens ; les angoisses de la faim dévorante, les tourmens de l'ambition, les soucis ennemis du sommeil n'y sont pas connus.

Aucun nuage ne promène sur les champs sa toison flottante ; les rosées glacées n'y engourdissent point la terre, n'y flétrissent point les fleurs, n'y font point périr les moissons ; jamais du haut du ciel ne s'y précipitent des torrens de pluies ; on n'y entend point le déchirant sifflement des vents ; la tempête n'y mugit

---

(1) Lactance.

point, et la foudre, tombant par éclat, n'y cause point de vastes embrasemens (1).

Ainsi s'offre à nos regards le climat de l'Egypte, où, sans orage, ni pluie, ni tempête, les vents rafraîchissent seulement un air brûlant. La terre ne s'y glace point; jamais la foudre n'y gronde; la sérénité de son ciel ouvre les routes de l'astronomie, et donne à l'ame un calme heureux et de la constance dans les desseins; on n'y est dévoré ni par les maux de l'ambition, ni par la soif des conquêtes; la santé y est florissante, la vie longue, la

(1) Lactance.

vieillesse point douloureuse ; on n'y éprouve pas les horreurs de l'indigence ; partout règne un bonheur ami de la durée.

Seulement dans la région habitée par le Phénix, une fontaine abondante nommée source de vie, y laisse couler en liberté ses eaux douces, fertiles et limpides comme un pur cristal. Au retour de chaque mois, elle sort de son lit argenté, et douze fois durant l'année, elle s'enfle, se déborde, et de ses ondes innocentes abreuve la forêt du Soleil (1) : image frappante des inondations du Nil, qui chaque année répand la joie

(1) Passage traduit de Lactance.

et l'abondance sur ses rivages. Alors, en signe d'allégresse, la mère y baigne son enfant, heureux de naître au bord d'un fleuve si merveilleux.

C'est dans cette forêt antique et sacrée que s'écoule la longue vie du Phénix. Il obéit sans murmure aux lois de Phébus, et se fait gloire d'être son ministre. La couronne de feu qu'il porte autour de sa tête est la marque de cette dignité. Il est ainsi le disciple de la sage nature qui l'a chargé d'une fonction si sublime; il s'en acquitte avec une reconnaissance inaltérable.

Sitôt que l'aurore se lève de sa couche vermeille, le Phénix se plonge douze fois dans les ondes de la fontaine sacrée, et douze fois va toucher au fond de leur abîme. Son plumage en reçoit un nouvel éclat; ses sens se dégagent des vapeurs de la nuit; son intelligence est plus pénétrante. Ainsi les prêtres d'Égypte, avant d'offrir des sacrifices, se purifiaient par de fréquentes ablutions, tant la pureté du corps entretenait la force de ces ames qui commerçaient avec les dieux.

Le Phénix prend ensuite son vol avec ses ailes de flammes, et va se poser au sommet de l'arbre qui domine la forêt. Là, se tournant neuf fois vers le soleil naissant, il attend religieusement qu'il darde ses premiers rayons. Dès qu'il touche le seuil de son brillant palais, et que ramenant le jour par sa présence, un zéphir part du sein de sa nouvelle lumière : alors, respirant sa flamme divine, il palpite, s'agite et frémit. Tout-à-coup, transporté d'enthousiasme, il chante (1) : soudain des flots de lumière se répandent au son de sa voix harmonieuse qu'on ne peut comparer aux modes cyrréens, non plus qu'aux accens moëlleux de Philomèle (2).

Qui peut imiter les divins ac-

---

(1) Claudien de Phœnice, v. 35.

(2) Lactance, Claudien.

cords du Phénix? Est-ce la lyre de Cyllène, ou bien le chant du cygne mourant? Je ne sais si les harpes de l'Olympe rendent des sons plus ravissans. Participant au lever de l'astre qui détache du firmament le voile des ténèbres, il marie ses concerts à ceux de toute la nature; les rugissemens du lion lui répondent; à ses accens harmonieux le ciel et la terre s'unissant, se confondent avec amour. A son exemple, au lever de l'astre du jour, la piété entonne des hymnes dans les temples d'Egypte.

D'où viennent ces torrens d'harmonie que répand le Phénix, si ce n'est du soleil? La marche toujours égale de cet astre lui dicta, par la division du temps, les lois qui veulent que chaque son simple ou redoublé, frappe l'oreille en cadence dans un intervalle donné. Ces beaux contrastes qui divertissent l'esprit, ne viennent-ils pas du jour sortant de la nuit? Le jeu de la lumière, son ombre, ses nuances et ses reflets lui enseignèrent à graduer les tons, pour transporter l'ame dans des voluptés harmonieuses. L'échelle musicale n'est que le compas d'Uranie; et le soleil fut le maître de musique du Phénix.

Lorsqu'après avoir conduit son

char dans les espaces de l'Olympe, Phébus arrive à l'extrémité de sa course, trois fois le Phénix agite ses ailes d'or, trois fois il le salue en inclinant la tête avec une grâce merveilleuse; il marque l'heure fugitive, sans jamais faire entendre des sons trompeurs ni le jour ni la nuit (1). Une pendule sortie des mains d'un habile artiste, annonce moins exactement l'heure au bruit d'une symphonie artificielle.

Autour du cercle immense du temps, le Phénix indique les saisons, les débordemens du Nil,

---

(1) Lactance. Claudien de Phœnice, v. 35.

les éclipses, et montre la vieillesse de la nature : cependant il ne se sert pour ses opérations ni de ses pieds, ni de ses doigts, ni de tant d'outils ou de méthodes nécessaires à des sens lents et grossiers; son instinct est tout génie; son œil voit les cieux se mouvoir, et la tête d'un oiseau embrasse l'immensité. Ainsi dans les temples d'Egypte transformés en autant d'observatoires, on épiait, calculait et mesurait la marche des astres; on y prédisait les éclipses long-temps regardées comme des objets d'effroi. L'Egypte inventa l'astronomie, découvrit la véritable durée de l'année, et surprit la première des secrets au ciel (1).

Le Phénix n'a pas plutôt frappé trois fois des ailes, fait trois saluts, marqué l'heure, qu'il repose sous son aile sa tête resplendissante des feux du soleil, pour désigner les intervalles du repos et du travail. Telles sont ses sublimes fonctions dans ce lieu plein de délices, où s'écoulent d'une manière si réglée ses années chargées de gloire et d'immortalité.

---

(1) L'étude du Phénix rend à l'Egypte une gloire, dont la géométrie moderne voudrait la déshériter. Comment concevoir, a-t-on dit, que, sans télescope, on ait pu si bien observer le ciel; mais conçoit-on mieux comment, sans l'invention des ma-

chines modernes, et même avec leur secours, on ait pu dresser dans les airs des rochers qu'on appelle obélisques? D'ailleurs on ignore s'il n'y avait pas des lunettes dans les temples égyptiens.

CHAPITRE IV.

De la nourriture singulière du Phénix, et de la longue durée de sa vie.

Les mortels ni les dieux ne prennent soin de nourrir le Phénix; comme l'Egypte il se suffit à lui-même; il ne se repaît que de la douce haleine du zéphir, que du suc des parfums suaves, que des larmes de l'encens ou des rayons de l'astre de la lumière. Il ne s'abreuve que d'ambroisie, de nectar, de la rosée tombante du ciel étoilé, ou bien de la vapeur innocente, douce et légère, qu'exhale la reine des fleuves, des lacs et des mers (1); voilà ses mets, son breuvage, sa nourriture.

Le Phénix ne dévore pas la semence, espoir du laboureur; il ne ravage pas les riches moissons; il n'est ni brigand ni voleur; c'est un honnête oiseau. Chantres des bocages, bâtissez sans crainte vos nids, les tendres fruits de vos feux ne lui servent point de pâture; il respecte votre joie et vos amours. A peine trouve-t-il quelque aliment sur la terre des mortels. Ne vivant ni

(1) Vento pascitur. Épiph. de Phœnice, c. 11. Claudien, Pline, Martial.

de chasse, ni de pêche, ni d'herbes ou de fruits, il n'est point en guerre avec la nature, et ses besoins sont innocens comme son instinct.

Si le Phénix vivait de la mort, il mourrait sans renaître. Il lui faut des mets qu'on sert à la table des immortels. Son intelligence participe de cette nourriture exquise qui fait circuler dans ses veines un sang plus pur, qui prolonge sa vie d'un si grand nombre d'années, qui lui donne des sensations si délicates, et qui triomphe des glaces de la vieillesse.

La manière de vivre du Phénix est le modèle idéal de la sobriété de l'Egypte, où l'on rejetait comme immonde tout aliment qui nuisait à la grâce et à la santé du corps; le choix des mets, les jeûnes pratiqués selon le climat, des liqueurs tempérées, l'odeur des parfums entretenaient la pureté de l'ame, et donnaient plus de subtilité à la pensée, plus d'élan à l'imagination, et plus d'enchantement à l'existence. Ainsi par la sobriété, source de toutes vertus, l'Egypte triomphait de l'abrutissement que produit l'intempérance, source de tous les vices.

Rien au monde de plus mystérieux que la durée de la vie du Phénix dans la forêt du Soleil.

Pour lui les siècles sont des années, les minutes des jours, les jours des heures. Aussi est-il nommé l'oiseau de l'éternité. Ni la peste, ni la famine, ni les élémens conjurés ne peuvent faire périr sa race (1). Fidèle compagnon de la lumière, c'est par elle et pour elle qu'il existe, il se rajeunit pour toujours vivre avec elle.

Les uns ont cru que le Phénix vivait 500 ans (2), les autres

(1) Sæva nec humani patitur contagia mundi. Claud. Eidyl. in Phœn. *Voyez* les médailles de mademoiselle Patin.

(2) Epiph. de Phœnice, c. 11. Philostr., lib. 3°. Clément. Const., § 3. Apost., l. 5, c. 8.

540 (1); d'autres 600, 609 ou 660 (2). Ceux-ci ont étendu le cours de sa vie à 1,000, ceux-là à 7,000 et 7,006 (3). Qui croirait que des calculateurs hardis, mais difficiles à réfuter, sont allés jusqu'à 12,954 ans(4)? Mais ce qui est plus singulier, c'est que par les vies de Nestor, du corbeau et du cerf, multipliées progressivement par trois, il vivrait 2,034 siècles (5). Les plus instruits ont

---

(1) Solin, c. 36. Isid., l. 12, c. 7.

(2) Pline, l. 10, c. 2. Cornutuo, sur le vers 60 de Perse, satyre 1re.

(3) Ttetzes, Chil. hist., Chiliade 5, v. 387.

(4) Solin, c. 33.

(5) Auson., idilles 11, 18.

ſixé sa carrière à 1,461 ans, nombre composant la grande période caniculaire des Egyptiens (1).

Rapprocher, expliquer et concilier les divers âges attribués au Phénix, rien n'est plus hérissé d'obstacles. On erre souvent sur une mer sans fond ni rivage; coucher et lever du soleil, éclipses, étoiles, zodiaques, bélier, vierge, écrevisse, lion, tout paraît nous égarer, et les routes de la vie d'un oiseau sont semées d'écueils où la science fait naufrage. Quelle main pourra faire tomber le masque magique et sacré qui couvre l'astronomie de l'Egypte?

---

(1) Cheremon. Jomàrd.

Quoi qu'il en soit, la vie du Phénix franchit toutes les bornes de la nature. Vivez, dit-on, vivez les années du Phénix (1). Je mourrai sur ma couche, s'écrie Job, mais comme le Phénix je multiplierai mes jours (2). On se perdrait dans l'infini du passé, si, à la durée ordinaire de la vie du Phénix, on ajoutait seulement celle de son père, de son aïeul, bisaïeul et trisaïeul. Aussi, par l'ancienneté de sa race, est-il le plus noble et le plus légitime des oiseaux.

Telle vers le berceau du genre

---

(1) Lucien, in Her.

(2) Larcher, M. de l'Acad.

humain l'Egypte nous paraît chargée de science, de gloire et d'années; son âge, comme celui du Phénix, est l'objet d'interminables discussions. On voit sa grandeur sans voir son commencement; le monde est enfant, elle est dans la maturité; ses monumens touchent le ciel, et l'Europe n'a que des cabanes. Là sont des astronomes, ici sont des pâtres. Les moissons jaunissent sur les bords du Nil, partout ailleurs on se nourrit de glands; la Grèce et Rome sont encore dans le néant, déjà l'Egypte est vieille (1).

(1) Diod. Sic., l. 1, 3, 4.

Après un long cours de siècles déterminés, malgré toute incertitude, par un nombre aussi invariable que celui dont il se sert pour compter les heures, le Phénix arrive avec gloire à la vieillesse sans en ressentir ni le poids, ni les dégoûts, ni les infirmités. Quand on est heureux s'ennuie-t-on de vivre? Sa vue perçant les ténèbres ne s'affaiblit point; on ne voit point faner les couleurs qui l'embellissent; sa couronne, présent du soleil, a toujours le même éclat, sa voix la même douceur, ses chants la même harmonie. Ses sensations sont également vives, délicates et profondes; le même feu anime son regard : c'est un vieillard; mais on le prendrait pour un adolescent.

O nature! ta main impitoyable sillonne de rides le visage de la beauté; tu blanchis ses cheveux, tu flétris son sein. Son regard n'enflamme plus l'air; les désirs, les grâces, les ris désertent sa bouche, jadis trône des amours. Au moins en Egypte la beauté, désirant jouir des longues années du Phénix, économisait la vie; de tranquilles voluptés, des bains parfumés, le plaisir assaisonné par la mélancolie; le cœur nourri par les affections attachantes de fille, de sœur, d'épouse et de mère; ce que la toilette a d'artifice, et la médecine de précautions, tout entretenait son esprit, ses attraits et sa jeunesse; et les roses de son printemps fleurissaient encore dans l'hiver de sa vie.

Bientôt le Phénix va quitter le séjour de délices, où, tout en remplissant des fonctions honorables auprès du soleil, il a vécu si long-temps avec quiétude. Alors il se rend dans la terre où règne l'empire de la mort, pays différent de celui de son séjour qu'il ne veut pas troubler par son agonie et par le deuil; il meurt et naît dans l'exil, et sa patrie qu'il aime tendrement ne voit point ses funérailles ni la flamme de son bûcher; mais son exil et sa mort attirant les regards de l'univers, concourent à sa gloire.

CHAPITRE V.

Combien la mort du Phénix est attendrissante.

PRESSÉ par les destins, le Phénix prend son vol et se dirige, selon les uns, vers les sources du Nil (1); ce qui a fait écrire au pape, par les rois d'Ethiopie, qu'il naissait dans leur royaume (2) : selon les autres, c'est dans l'Arabie heureuse qu'il se

(1) J. Ttetzes, l. 5, v. 387. Artemid., l. 4, c. 4.

(2) Lettre au pontife de Rome. in notis ad Epiph. physiol., c. 11.

rend (1). Quoi qu'il en soit, parmi les déserts, loin des regards curieux des mortels, il cherche la solitude de quelque bois séparé de tout autre lieu par des marais profonds et tremblans. Terre, ciel, mer, tout alors disparaît sous l'éclair de son vol : d'un trait franchissant l'espace, il arrive où la mort l'attend (2).

Rien ne le détourne de son dessein; ni le tumulte des villes, théâtre des passions, ni les temples où sommeille le tonnerre entre les mains des dieux, ni les

---

(1) Alci-Avitus, notes de Consal. Ponce sur Epiph., t. 1, p. 204.

(2) Lactance. Libanius Sophista, orat. 9.

palais où, couchée sur les roses de la mollesse, la tyrannie soulève ses poignards. La terre lui paraît un petit canton détourné de la nature, et mis en fermentation par le soleil, dont il connaît les mystérieuses lois. Ainsi, dans ces idées sublimes dont les prêtres d'Héliopolis entretinrent Platon, éloignant son attention de tout ce qui est périssable, ils lui montrèrent l'ame habitante du ciel, après avoir été habitante de la terre.

Rendu dans cet asile solitaire, le Phénix ne s'occupe que de mourir; il prend une attitude convenable à sa position; sa tristesse est fière, calme, majestueuse; sa mort sublime. Aucun animal d'un caractère méchant, astucieux ou farouche, ne vient troubler son dernier repos. Le serpent et l'oiseau de proie fuient loin de lui, subjugués par un pouvoir inconnu. L'homme ne peut l'atteindre avec ses embuches savantes. La flèche, les pierres, les piéges ne sont homicides que pour des oiseaux vulgaires (1), mais non pas pour le Phénix qui n'a qu'une seule manière de passer de la vie à la mort, et de la mort à la vie.

Tout se tait dans la nature quand il veut mourir. Les mers

---

(1) Lactance.

et les montagnes sont sans bruit; le calme règne; dans ses outres pendantes Éole renferme les vents, de peur que le moindre de leur souffle ne viole le pourpre des airs, ou que dans le vague des cieux les nuages charriés, balancés, obscurcis par le vent du Midi, ne voilent les rayons du soleil pour nuire au Phénix, occupé tout à la fois de sa mort et de son immortalité (1).

C'est aux branches du palmier le plus élevé qu'il suspend son nid; il le place en face du soleil; il emploie à sa construction les

---

(1) Lactance.

parfums les plus précieux (1); il choisit ceux que récolte l'Assyrien sur les bords du Tigre, que ramasse la race des pygmées, ou bien l'Arabe opulent, vivant dans des déserts de sable et de feu, ou ceux que produit l'Inde ou la terre de Saba; terre heureuse où l'encens croît pour les dieux. Le Phénix lui-même va détacher ces parfums des riches arbrisseaux qui les portent; il cueille ensuite de la cannelle et d'autres aromates dont les femmes d'Orient parfument leur chevelure d'ébène, et les bains qui

---

(1) Tzetzes, l. 5, v. 387.

donnent un nouvel éclat à leurs attraits vainqueurs.

Sans omettre ni le doux romarin, ni la branche-ursine odoriférante, ni les larmes épaisses de l'encens, le Phénix prend soin d'y mêler le baume avec sa feuille, et d'y joindre le girofle, la myrrhe, le tendre épi du nard dans sa puberté. De ces diverses substances il forme un ciment qui sert à enduire de petites branches qu'il est allé chercher sur un rocher escarpé (1), et qui sont l'appui de son édifice.

Il est beau de le voir travail-

(1) Collectis in excelsâ rupe cremiis. Oppianus cité par Gesner de Avibus, l. 3.

ler, aller, venir, retourner; il franchit l'espace, saute d'une branche à l'autre, voltige çà et là; le feuillage frémit sous son vol et sous ses pieds; toujours infatigable, il porte des fardeaux à son bec, entre ses serres. Quelle grâce, quelle adresse, quelle harmonie dans tous ses mouvemens! On dirait qu'il s'amuse, et il travaille pour sa mort. Ses ailes, ses ongles, son bec, ses pieds lui tiennent lieu d'outils, de machines, de levier et de charriots. Il donne à tous ces riches matériaux qu'il a rassemblés, les formes d'une architecture élégante et hardie; le nid est achevé (1)

(1) Oppianus, l. 3.

et sa construction atteste la puissance de son instinct.

N'est-ce pas là le tableau joli, délicat et naïf du plan, du travail et du mouvement de l'architecture de l'Egypte? Dans le nid du Phénix on voit le premier type de ses temples et de ses palais immortels. La cabane de l'Egyptien encore sauvage n'était qu'un nid renversé (1), ainsi que la tente d'Achille décrite par Homère. Dans ce premier état de nature, les bras, la main, les épaules remplaçaient toutes les machines nombreuses des arts, et comme un oiseau l'homme portait tout avec lui.

(1) Diod. de Sici., l. 1.

L'instant où le Phénix va cesser d'être approche; il monte sur son trône élevé en face du soleil, mais trône changé tout-à-coup en lit funèbre. C'est alors que s'affaisse son corps chargé du poids de la vieillesse, que se ternit l'éclat de ses yeux de diamant (1), que se répand dans ses veines un froid mortel, qu'une teinte funèbre environne ses ailes brillantes, qu'il s'aplatit au fond de son nid pour s'abandonner à la mort. O spectacle de grandeur et de pitié! la beauté la plus farouche ne pourrait le voir en

(1) Aciem oculorum. Oppian. cité par Gesner, de Avib., l. 3.

cet état sans verser des larmes.

Cependant il ranime ses forces pour envelopper de ciment ses membres glacés, et son nid va lui servir de tombeau. Souvenir ineffaçable et touchant! Faisant un dernier effort, il roule, déploie, étend son cou languissant, et ferme avec son bec l'entrée de son sépulcre. Privé de lumière, on le croit éteint; mais ses destinées immortelles l'occupent, et sa pensée ne s'est point encore échappée des magiques liens qui l'enchaînent à son beau corps. Elle erre dans cet espace indéfini qui se trouve entre la vie et la mort, la tombe et l'éternité.

Alors on entend un murmure

plaintif; ce sont des accens humbles que, du fond de son sépulcre, le Phénix adresse à l'astre du jour; c'est une prière pour lui recommander sa vie placée au milieu de parfums; il la recommande sans être pourtant agité d'aucune crainte sur un dépôt si cher (1). Soudain le Phénix se meurt; il meurt, et la mort est dans les fleurs (2). Qu'il est doux de finir comme lui!

Ainsi, dans les tombeaux odoriférans de l'Egypte, la beauté conservait les traits de son visage; ses cheveux bouclés ornaient la

---

(1) Claud., Lactance.

(2) Finit que in odoribus ævum. Ovid., M., l. 15.

majesté de son front; son bras et sa main y reposaient avec grâce; on y voyait la forme de son pied, sa taille élancée, les contours de son sein, mais dans une attitude commandée par sa pudeur. Enveloppée d'or, de bandelettes et de parfums, elle y était dans une parure éternelle.

CHAPITRE VI.

Naissance du Phénix sans le secours de l'amour.

ADMIRABLE effet de la nature du Phénix! Après sa mort son corps fermente; et cette fermentation, loin de la lumière éthérée, produit le feu qui s'attache à son nid sépulcral (1). Il revient un instant à la vie; il respire..... Ses ailes sont engourdies par le trépas, mais l'aurore prend soin de les déployer avec ses

(1) Pomponius Mela, l. 3, c. 7.

doigts de rose (1); son œil éteint se rouvre à la lumière. La chaleur fait circuler peu à peu une nouvelle vie dans ses membres perclus; puis il se soulève, il ranime ses forces, il rappelle son courage, il porte sa tête vers le ciel.

Alors frappant majestueusement l'air de ses ailes, il cause, allume et nourrit l'incendie qui le détruit. Il se brûle et chante; mais ces chants sont les derniers qu'il fait entendre en expirant. Soudain une douce pluie se détachant d'une nuée chargée d'eau,

---

(1) J. Grammatici Gazæi, in-8°. Parisiis, 1619.

éteint la flamme attachée au reste de ses ossemens embrasés (1). Ainsi le Phénix ne revient un moment à la vie que pour célébrer ses propres funérailles.

Soleil! Nature[illegible]ure ton enfant; il n'est plus! Beautés, grâces, plumage d'or, d'azur et de pourpre, ailes flamboyantes, voix si riche d'harmonie, œil perçant le temps, instinct doué de science, de vertus et de sagesse, capable de mesurer la voûte étoilée du ciel, tout n'est que cendres. Soleil! Nature! sè-

(1) Isid. Orig., l. 12, c. 7. Epiph. in Anchorato, n° 85, edit. Petavii.

che tes larmes, console-toi, le Phénix renaîtra (1). Ces cendres qui sont respectées des vents demeurent religieusement entassées, et possèdent la vertu de la reproduction; dans la mort elles renferment la vie; des restes de funérailles vont donner la naissance; un nid est à la fois son cercueil et son berceau; le feu qui consume sa vieillesse le rajeunit (2). Ainsi Smyrne détruite par un tremblement de terre doit

---

(1) Nascitur ut pereat, perit ut nascatur ab igne. Vetus poeta in solis laudem.

(2) Alcinus : avibus in notis Cons. Pons. Epiph., t. 2, p. 204. Nonus Dionys, l. 40, vers 400.

reparaître avec une splendeur nouvelle (1).

Tout vit dans la nature sous l'empire de l'amour; le Phénix échappe à ses fers; il ne contracte pas de noces (2), soit qu'il se trouve ou non, mâle ou femelle, soit que, participant des deux sexes à la fois, il accomplisse seul les mystères de la génération (3). Jamais les feux de la volupté ne

---

(1) Arist. orat. cité, par Larcher, p. 176. M. A.

(2) Felix quæ Veneris fœdera nulla colit. Lactance.

(3) Coitus corporeos ignorat. sanctus Ambros., serm. 19, in psalm. 118. Diog. Laer. in vitâ Pyrrhonis. Pomponius Mela, l. 3, c. 8.

le dévorent ; il ne connaît ni l'ivresse, ni le délire, ni les fureurs de l'amour. Vénus est sa mort, la mort sa volupté, sa volupté l'innocence (1). Lois de la pudeur, vous êtes inutiles à sa virginité que la séduction ne peut violer, à sa chasteté que rien ne peut corrompre, aux attitudes de sa beauté qui impriment le respect.

Malheur à l'oiseau coupable qui dépose ses œufs dans le nid d'autrui ! malheur aux coqs qui ensanglantent nos basse-cours dans leurs querelles d'amour ! mal-

---

(1) Mors illi Venus est, sola est in morte voluptas. Lactance.

heur à cet oiseau enseignant de lascives voluptés dans les jardins d'Armide ! Ses chants versaient un poison funeste dans le cœur de l'Achille des Chrétiens. Sous la simple image d'une rose que le printemps voit éclore et mourir, il hâtait dans l'âme de ce héros des jouissances incendiaires (1). Que dis-je ? Le Phénix, oiseau si sage, n'est point à comparer à ces oiseaux libertins, pas mieux que l'Egypte à des nations molles, efféminées et voluptueuses.

Sans aucune intervention de l'amour, le Phénix va donc re-

(1) Le Tasse, chant XVI Jér. déliv.

naître. Quel événement! quelle joie dans toute la nature! C'est l'enfant du soleil qui va revenir au monde; le ciel et la terre assistent à sa naissance. On voit sortir de sa cendre brûlante un vers couleur de lait, sans membre, se nourrissant de sa propre humeur (1). Ce petit animal n'a pas plutôt pris son accroissement dans un temps rapide, mais déterminé, qu'il s'enveloppe d'un contour semblable à la forme de l'œuf. L'aurore étendant sur lui ses ailes vermeilles, le couvre, le réchauffe, lui procure une

(1) Vermi lacteus esse color. Lact. S. Clément, epist. 1. Ad Corin., c. 25. Tzetzes, l. 5, v. 387. Artemidorus, l. 4, c. 49.

douce chaleur; ainsi les ailes pieuses d'une mère couvent ses petits.

Cependant Phébus qui se réjouit de sa paternité, arrête ses coursiers fumans, caresse de ses rayons son enfant encore dans l'œuf, et l'habille de sa flamme (1); alors le Phénix paraît de feu; et replié sur lui-même, il figure le cercle de l'éternité. Les destins veillent sur lui; bientôt il est assez fort pour briser les parois de sa prison ovale, d'où sort à la lueur du soleil le Phénix enfant (2). Ainsi des insectes agres-

(1) Epiph. in Ancho. J. Gram. Gazæus.

(2) Solo splendore Phœbeo. Oppianus Pline, Hist. nat., l. 10, c. 2, inde fieri pullum.

tes, suspendus aux rochers par des tissus délicats, se métamorphosent en légers papillons (1). Une cendre produit un ver, ce ver un œuf, cet œuf un oiseau; et la splendeur du Phénix tient à de si faibles commencemens.

On raconte différemment sa mort et sa naissance; quand son heure dernière est arrivée, il se jette, dit-on, avec violence contre terre, se blesse et se tue; de cette blessure mortelle naît le petit Phénix (2). Le crime lui donnerait donc à la fois le trépas et la naissance; mais tout repousse

---

(1) Lactance.

(2) Horapollo Hier., l. 2. c. 57.

cette noire calomnie; son instinct, sa conduite, sa sobriété, le calme de ses passions, ses occupations sublimes, l'harmonie entière de sa vie. Ce n'est pas le crime, mais la vertu qui préside à sa fin et à sa naissance. Lorsque la mort s'approche de lui, elle se dépouille de ses armes meurtrières; plus de noirceurs, plus de perfidie, plus de surprise; elle prend un air serein, son regard n'a rien de farouche, son aspect rien d'horrible; elle paraît sans le cortége du deuil, des larmes du désespoir, tenant d'une main une torche funèbre, et de l'autre le flambeau de la vie.

Si le Phénix triomphe de la

mort, l'Egypte l'immortalise. Chose non moins admirable! Il y avait deux peuples en Egypte, celui des vivans et celui des morts; chacun avait ses demeures, ses villes, ses palais; tout était d'une égale magnificence. L'un habitait les édifices du dehors, l'autre les édifices souterrains. Là, c'était le séjour bruyant des arts et des affaires; ici, la demeure du silence et du repos (1). Cesser de vivre n'était que prendre place dans un cercueil agréable, qu'aller reposer dans des parfums, que changer de

(1) Diod., Sic., l. 1, 37, sect. 11. Fourier, Discours sur l'Egypte.

lieu, d'habitation et de ville dans le même pays. Idées terribles de néant et de destruction, on ne vous connaissait pas dans un pays où le corps ne périssait point, et devait être habité de nouveau par l'ame. On s'y croyait non moins immortel que l'oiseau du soleil; l'Egypte était la terre de l'immortalité.

CHAPITRE VII.

De l'enfance du Phénix remplie de prodiges.

RIEN de plus inoui que de recevoir la vie dans les bras de la mort, que d'avoir pour mère sa cendre, et de ne connaître que soi pour aïeux et petits-fils, que de renfermer sa fin et son commencement; que d'être un enfant de la nature, et de voir pour soi la nature bouleverser toutes ses lois. Plus il y a du merveilleux en tout cela, plus l'esprit humain en a été frappé.

Il n'est pas de système, pas de dogme, pas de poésie, pas d'art où ne soit le Phénix. Là, symbole de l'immortalité des ames placées par les Egyptiens entre la lune et le soleil; ici, symbole de la matière dont la fermentation éternelle compose et détruit sans cesse la vie : il est nommé le roi des oiseaux par l'histoire naturelle, l'enfant du soleil par l'astronomie, et l'oracle des empires par les nations.

La littérature éclate en mille traits sublimes sortant de sa cendre brûlante. Ces traits sont l'ouvrage des plus beaux génies de l'antiquité et des temps modernes; ils brillent dans le poëme épique, dans l'élégie, dans la satire, dans la tragédie, dans l'histoire (1). Les beaux-arts ont partout représenté le Phénix mourant. Les Saints-Pères entraînaient les peuples au christianisme, en citant sa résurrection; ils la citaient pour vaincre l'incrédulité des Juifs (2). C'était l'ornement le plus brillant de leurs pages éloquentes. « Quel » Dieu d'Homère, s'écrie George » Pisidès, détruit la vieillesse du » Phénix, et après l'avoir réduit

(1) Hérodote, Tacite, Martial, Claudien, Ausonne, Ovide, Lucien, Plutarque, Le Dante, Le Tasse, etc.

(2) S. Zenon de resurrect. Bib. Max. SS., t. , p. 413. Epiph. de Phoenicæ, c. 11.

» en cendre dans un tombeau » ardent, nous en représente les » restes pleins de vie (1)! » Il était de la destinée d'un oiseau d'être aussi cher aux Saints-Pères qu'aux prêtres du Soleil; son image décore les tombeaux des martyrs (2); elle s'unit à leurs palmes immortelles.

Mais chez les Egyptiens l'histoire du ciel se trouvant associée à celle de la terre, l'histoire des dieux à celle des hommes, l'histoire des hommes à celle des

---

(1) Cité par Larcher sur le Phénix, Mémoires de l'Académie, p. 178.

(2) Sainte-Cécile fit graver le Phénix sur le sépulcre de Saint-Maxime martyr, Tristan. Comm. Hist. t. 3., p. 615. Ed. de 1644.

animaux (1), dans la cendre du Phénix qui ne voit la passion de l'immortalité qui se transmettait en Egypte de génération en génération, passion qui transformait les montagnes en palais souterrains, qui creusait des lacs semblables à la mer, qui enchaînait les eaux dans des digues éternelles, qui reculait les sables brûlans du désert, qui bâtissait des temples capables de flatter l'orgueil des dieux, qui dressait des statues dont la tête semblait toucher le ciel, qui faisait asseoir le Temps sur les pyramides comme sur un trône immobile (2).

---

(1) Panthéon de M. Champollion.

(2) Magnas operum moles edidit.......

Le Phénix n'est pas plutôt éclos qu'il est couvert d'un duvet rival de l'azur des cieux. En signe de reconnaissance, il tourne son premier regard vers l'astre du jour qui a fécondé sa cendre; il est le plus reconnaissant des oiseaux, comme l'Egypte est le plus reconnaissant des peuples. On ne prodigue pas de soins délicats à sa faiblesse; le cœur d'un père ou d'une mère ne se remplit point pour lui de sollicitudes; son enfance n'est point environnée d'alarmes. Il n'appelle point par des cris perçans, aigus ou déchirans, la pâture,

---

quibus et sibi gloriam immortalem et Egyptiis. Diod. Sic., l. 1, §. 56.

que transporte dans les airs la pitié maternelle. Faible enfant, il pourvoit seul à ses besoins, et les misères du premier âge ne gâtent point la bonté de son instinct.

Tels sur les fertiles rivages du Nil, croissaient d'innombrables enfans, sous les paisibles lois de la nature; le fils de l'esclave y vivait l'égal de celui du maître; il n'y avait ni patriciens, ni plébéiens; le berger y jouait avec l'enfant des rois (1). Dans ces jeux, ces divertissemens, cette aimable égalité, se formaient ces ames dont la grandeur est em-

(1) Diod. Sic., l. 1.

preinte, dans des cercueils et des monumens impérissables.

Au troisième jour, le Phénix cesse d'être enfant, et possède sa beauté dans ce qu'elle a de plus parfait (1). Il est alors l'ornement de la nature, l'orgueil de l'astre de la lumière, l'ouvrier de l'éternité (2). Quand, pour la première fois, il lance sur la terre et les cieux ses regards enflammés, qu'il est superbe dans cette attitude majestueuse! Les brillantes couleurs qui lui servent de parure semblent avoir plus d'éclat: sa beauté

(1) Epiph. in Anchorato.

(2) Nonus Dionysius, l. 40, v. 400.

paraît s'enrichir encore ; tous ses mouvemens sont une grâce nouvelle, tous ses attraits sont vainqueurs ; l'avenir et le passé respirent dans son sein agité.

Routes escarpées de l'empire des airs, vous n'êtes qu'un jeu pour son vol éblouissant. Son aile fend les vents plus vite que la rame les flots mutinés ; la foudre s'écarte de lui. Un instinct exempt d'erreur le dirige toujours dans la voie solaire ; et son apprentissage est coup de maître ; bien différent des petits de l'aigle dont l'accroissement est lent et pénible, qui n'atteignent les nues qu'après avoir été long-temps de gauches et lourds apprentis, dans quelque obscur bosquet de chêne, près des flancs du rocher où leur nid suspendu défie la malice des enfans de l'homme.

Le Phénix ayant achevé son éducation, il est héritier des mœurs, des vertus, de l'industrie et du savoir de son père. Il doit vivre dans le même pays, y remplir les mêmes fonctions, y suivre les mêmes lois; se plonger douze fois dans la fontaine sacrée à l'apparition de l'aurore, aller se percher sur l'arbre le plus élevé, se tourner neuf fois vers le soleil levant, et chanter pour que des torrens d'harmonie se mêlent au torrent de ses feux;

frapper trois fois des ailes, et faire trois saluts à l'arrivée de cet astre au terme de sa course, marquer l'heure fugitive en voyant les cieux se mouvoir; se nourrir de nectar et d'ambroisie, et reposer sa tête fatiguée de spéculations sublimes sous son aile brillante; en un mot, faire tout ce que faisait le vieux Phénix son père (1).

Ainsi, par une coutume admirable de l'Egypte, l'enfant embrassait la profession de son père, il suivait les mêmes usages, les mêmes mœurs, la même manière de vivre sous le toit de ses

---

(1) Pro more patrio iisdem in locis vitam degit. Oppianus cité, par Gesner, l. 3.

aïeux. Cette coutume prévenait les désordres de l'ambition, donnait à tout de la stabilité et concourait à la perfection des arts enseignés dès le berceau à la meilleure des écoles, celle du cœur d'un père. Le Phénix, par son exemple, entretenait les habitudes et les maximes, qui placèrent l'Egypte au premier rang, dans l'ordre de l'immortalité des nations.

CHAPITRE VIII.

De l'apparition du Phénix en Egypte dans le temple du Soleil.

A peine le Phénix a-t-il acquis les forces de l'adolescence, que la plus chère de ses sollicitudes est de rendre des devoirs aux mânes de son père (1). Ici, éclate son instinct pieux; admirez le plan, le goût, la dextérité qu'il met dans ce lugubre ouvrage. Il ramasse avec soin les restes paternels, soit de cendres, soit d'ossemens blanchis par le feu. Puis avec de

(1) Tacite, l. 6.

la myrrhe, de l'encens et du baume, il travaille à construire une masse en forme d'œuf (1). Ensuite il la soulève, il la porte, il essaie si elle est proportionnée à la mesure de ses forces (2). Ainsi, l'architecte d'un obélisque, dont la prudence imitait la sienne, ne détachait des carrières que le bloc de granit, que ses machines pouvaient remuer, transporter et dresser.

Lorsque le Phénix a jugé que cette masse n'est pas trop pesante pour le voyage, il l'ouvre, la creuse, y dépose les mânes paternels. Son bec pieux enferme

(1) Pomponius Mela, l. 3, c. 8.
(2) Tacite, l. 6. Hérodote, l. 2.

BIBLIOTHÈQUE ROYALE

soigneusement l'entrée avec de la myrrhe (1). Cette masse ovale creusée de cette manière, et renfermant des mânes, a le même poids qu'étant entière, ni plus, ni moins. Son deuil diligent élève ce tombeau à son père, en témoignage du respect filial qui domine ses pensées.

Dans les élégantes sépultures d'Egypte, tout était semblable, même respect filial, même vénération, même piété et même précaution par les ministres des funérailles, de tout peser, calculer, mesurer. On mettait les corps dans des parfums, comme

(1) Hérodote, l. 2.

le Phénix y mettait les restes de son père ; mais on laissait le vice à la voirie, et d'un peu de cendre naissaient de riches vertus pour les mœurs.

Après avoir embaumé les ossemens et les cendres de son père, malgré sa douleur, le Phénix infatigable, redoublant de soins et d'efforts, les prend entre ses serres pieuses ; puis s'élançant dans les airs, chargé de ce fardeau funèbre, il domine les vents, les tempêtes et le tonnerre; franchissant l'immensité, il paraît soudain vers les rivages du Nil (1), dans cet heureux cli-

---

(1) Sanct. Clemens. Rom. Epist. ad Corint., c. 25.

mat si semblable à celui de son séjour. Il y arrive à l'instant où l'aurore laisse tomber de sa ceinture le voile transparent qui sépare la nuit du jour; il abandonne le désert où il naquit.

Alors de mille côtés accourent par bataillons nombreux, les aigles suivis des autres habitans de l'air; leurs regards étonnés s'arrêtent et se fixent sur l'oiseau du soleil. Tous le contemplent, restent émerveillés, et le saluent avec des transports d'harmonie et d'allégresse. A cette vue, par un charme inconcevable, ils se dépouillent de leur férocité. La veille ils étaient en guerre, aujourd'hui ils sont en paix, et des ennemis sont des amis (1). Loin d'eux, resplendissant de l'éclat de la flamme, l'oiseau du soleil exhale les parfums du tombeau qu'il transporte (2). Est-ce une fête ou bien des funérailles dans les airs?

Cependant le Phénix poursuit son voyage lugubre, mais à jamais célèbre; c'est sur la ville d'Héliopolis qu'il plane, s'arrête et suspend son vol (3). Là s'élève un temple antique, consacré de temps immémorial au culte du so-

(1) Lactance.

(2) Claudien, l. 2. Sidon Apollin, c. 7.

(3) Viribus roborata nidum in urbem effert solits. Lac. Epitomator. Pomp. Mela, l. 3, c. 8. Horap., l. 2, c. 57.

leil. De longues allées de sphinx de granit rouge, de vastes portiques, des colonnes chargées de sculptures mystérieuses servent à sa magnificence, annoncée de loin par deux obélisques de cent coudées de hauteur (1). L'architecture a pris soin d'unir le brillant au solide : l'or, l'argent, de riches emblêmes en décorent les murs bâtis pour l'éternité ; le marbre de l'Inde et de l'Ethiopie y jettent partout un éclat ravissant (2). La voûte du temple azurée et parsemée d'étoiles ressemble au ciel : tant de couleurs éparses

---

(1) Hérod., liv. 2.

(2) Clément d'Alex. Ped., l. 3. c. 2.

brillent sur le Phénix occupant alors le trône des airs.

Les prêtres qui desservent ce temple habitent de grands édifices ; ils ont la tête rasée, sont vêtus de robes de lin, et portent des souliers de biblus. Ils vivent dans une admirable frugalité, ils s'abstiennent de vin, et écartent d'eux toute espèce de souillure (1). Ce sont des astronomes fort instruits, mais mystérieux ; leurs regards semblables à ceux du Phénix sont continuellement fixés sur les routes du soleil (2); et, par des prédic-

(1) Hérod., l. 2.

(2) Strabon, l. 17, p. 390.

tions sur les astres, ils s'attirent les hommages de la multitude, et la science du ciel leur donne l'empire de la terre.

Si vous pénétrez jusqu'au sanctuaire du temple, un prêtre, ministre des sacrifices, vient au-devant de vous avec un air vénérable, il entonne une hymne sacrée, et soulève le coin d'un voile d'or; vous voyez le bœuf Mnévis nourri dans ce temple, comme à Memphis le bœuf Apis (1). Ce respect n'était pas sans fondement; le bœuf n'est-il pas la force de l'agriculture;

(1) Saint Clément d'Alex. Ped., l. 3, c. 2. Strabon, l. 17.

le soleil l'ame, l'astronomie le fanal?

Par le cours du soleil, les prêtres, apprenant l'époque de l'arrivée du Phénix, déploient tout ce que le culte a de pompe et de magnificence; c'est l'oiseau qu'ils vénèrent le plus. On conduit à l'autel des victimes bêlantes ornées de fleurs et de guirlandes. Sept cent mille ames se rendent à cette fête; il n'en est pas de plus solennelle. Un ambassadeur des cieux, l'oiseau du soleil arrive dans le temple du soleil pour marquer une grande période par une piété mémorable.

Du haut des airs le Phénix

descend et pénètre avec son vol religieux, jusqu'au sanctuaire, et dépose sur l'autel le fardeau dont est chargé son deuil (1). Lorsque les sacrifices sont ordonnés par le grand-prêtre, et que le sang des victimes inonde les parvis (2), le Phénix, à l'instant même où se lève le soleil, déploie avec grâce et dévotion ses ailes rouges et dorées; et les agitant, de vives étincelles en jaillissent soudain. La flamme qui s'allume et pétille, s'attache au tombeau de son père; l'incendie est dans sa force,

(1) In arâ ibi deponere. Pline, Hist. nat., l. 10, c. 21. Tacite, l. 6. Hérod.

(2) Cum sacerdos sacrificia indicat. Epiph. in Phys. de Phœ., c. 11.

l'air paraît de feu ; et ce tombeau embrasé répand au loin l'odeur du baume, de l'encens et de la myrrhe (1).

Alors le Phénix exhale sa douleur par des chants tendres mais sonores, lugubres mais ravissans, mélodieux, mais allant retentir jusque dans les abîmes du cœur ; les yeux se remplissent de larmes ; et la foule inondant le temple et les portiques, élevant les regards et les bras vers le ciel, ravie par cette harmonie non encore entendue, reste interdite et muette ; son étonnement égale sa vénération. Un

---

(1) Herod. Horapollo.

saint effroi s'empare de toutes les ames. Quel spectacle ! tout se confond, tout est confondu, trépas, immortalité, tombeau, bûcher odoriférant, parfums enivrans, soupirs, sanglots religieux, sainteté des larmes ! Tel est l'empire d'un oiseau.

CHAPITRE IX.

De l'influence du Phénix sur le bonheur des Empires, et de l'impression que produit son arrivée.

Si le Phénix subjugue les sens par sa magique beauté, il attendrit le cœur par sa piété funèbre. Le tombeau parfumé qu'il transporte dans les airs, les restes de son père brûlés sur l'autel du soleil, la mélodie de ses chants, les cérémonies religieuses, le concours d'un peuple immense, tout a donné à son apparition une célébrité digne de son caractère,

Quel événement était plus considérable? Tout se renouvelait dans les cieux et sur la terre (1).

Dans les cieux le soleil revenait à son ancienne route, abandonnée depuis bien des siècles; et ce retour était marqué dans les zodiaques gravés à la voûte des temples. Une grande période finissait; une autre recommençait; et, suivant l'opinion la plus certaine, cette période n'avait pas moins de quatorze siècles et demi; et l'avenir vieillissait avant de revoir le Phénix.

Sur la terre les empires goûtaient des destins plus prospè-

(1) Horapollo hierogly., l. 2, c. 5.

res; on allégeait le poids des impôts. La guerre, la peste, la famine cessaient; sa venue honorait le règne des bons princes, mais elle signalait la mort des tyrans; on dit quand il parut que Tibère expira (1). Lorsqu'on annonçait dans les festins sa prochaine arrivée, la joie éclatait parmi les convives; ainsi, le Phénix venait adoucir les malheurs du monde.

Mais son apparition, guère moins que la durée de sa vie, était livrée à d'éternelles discussions; l'esprit luttait avec l'es-

(1) Boulanger, A. d., l. 4, c. 2. Dio Cassius, l. 58. Xiphilinus, l. 57, de vita Tiberii.

prit, la science avec la science; et souvent la raison éblouie par de sublimes clartés, s'égarait en se cherchant elle-même. Faut-il s'en étonner quand ce que l'astronomie a de vérités, la mythologie de mystères, la chronologie d'époques fameuses se trouve dans un oiseau se brûlant, mourant et renaissant sur la route de l'éternité.

Le bruit de sa prochaine arrivée se répand avec fracas dans le monde entier. Quand le Phénix paraîtra-t-il, se demande-t-on les uns les autres? Ceux-ci disent qu'il ne tardera pas à paraître; que déjà parti de l'Arabie, lieu de son séjour, il s'occupe de bâtir son nid pour mourir et renaître, et qu'il ramasse les ossemens embrasés de son père, pour les enduire des parfums les plus suaves. Ceux-là se persuadent qu'étant encore dans la vigueur de l'âge, il s'écoulera bien des années avant qu'il paraisse. Les prêtres égyptiens, finement spirituels, alimentent cette curiosité, tantôt par un silence obstiné, tantôt par des réponses ambiguës; leurs temples renferment des secrets ignorés du reste des hommes.

Cependant on doute, on espère, on attend; tout-à-coup le Phénix se montre: à peine sa présence confond-elle l'incrédulité, tandis que l'univers s'occupe de lui (1). A l'aide de la marche du soleil, l'astronome remontant le fleuve des temps, calcule ses précédentes apparitions, et comparant la vieillesse du Phénix à celle de l'Egypte, il ne sait sur quel rivage placer le berceau du genre humain; il ne sait où la nature commence, il ne sait où elle finit: le passé, caché sous les ruines du monde, se joue des efforts de son génie.

Loin des brûlantes régions qu'arrose le Nil, la vieille femme fait des récits merveilleux sur le Phénix; près de leurs berceaux

(1) Ælianus. hist. ani., l. 6, c. 58.

les enfans l'écoutent. Elle dit comme il est superbe, comme il se brûle, comme il bâtit son nid, comme il grandit, se nourrit et devient aussi beau que son père; comme, chargé des mânes paternels, il vole au temple du soleil. On raconte partout son histoire; son nom est dans toutes les bouches; sa mort dans tous les cœurs; sa vertu devant tous les yeux.

Que de fois dans des songes remplis d'ivresse, le Phénix ne s'est-il pas présenté à l'imagination de la beauté brûlante d'amour! Elle voit le Phénix voltiger, s'approcher, la surprendre, étendant soudain ses ailes d'or et de feu sur son sein. Tous ses sens sont embrasés; son regard est enchanté. Sa main tremblante le caresse, sa bouche lui donne des baisers; et le prenant pour l'oiseau de Vénus, son ivresse redouble, elle transit, pâlit, languit, et brûle encore à son réveil.

Ainsi, du couchant à l'aurore, on ne parle que de l'arrivée du Phénix, et que des changemens heureux qui doivent survenir dans tous les empires. On signale ce jour, cette année, cet événement par un mot nouveau. Partout on multiplie son image; on la grave sur l'or, l'argent, le bronze et le marbre des temples (1). Les femmes la portent dans leur parure, les rois sur leurs têtes, et les peuples libres sur leurs étendards. On la voit aujourd'hui flotter sur ceux de la Grèce renaissant de ses cendres.

Toutes les nations rendaient des hommages durables à l'apparition du Phénix. L'an 800 de la fondation de Rome, Claude la fit inscrire dans les comices et sur les registres de la ville (2), pour la transmettre, par cette double précaution, à la postérité; mais comme s'il était de la

(1) Lact. herod., l. 2.

(2) Solin,, l. 33.

nature du Phénix de s'envelopper toujours de mystère, les marbres du Capitole ne s'accordent ni avec ceux du Vatican, ni avec les inscriptions de Claude (1). Alors le bruit courut dans Rome que le premier Phénix avait paru sous Sésostris, le second sous Amasis, le troisième, qui passait pour un faux Phénix, sous Ptolémée. Ainsi, le mensonge est toujours sur les pas de la vérité.

Ces changemens dans les cieux et sur la terre, la marche rétrograde du soleil marqué dans les zodiaques, le commencement et

(1) Tacite, l. 6. Fastes consulaires, l. 1, p. 135, édit. de 1777. Joan Sarisb. Polyc., l. 1.

la fin d'une grande période, des augures favorables, la joie des festins, les misères publiques adoucies, les plus horribles calamités cessant, l'univers dans l'attente, tant de discussions orageuses, l'hommage des peuples étrangers, tout, dans l'apparition du Phénix, rattache à la voûte des cieux, la chaîne de l'immortalité de l'Egypte, et cette chaîne est tenue par la main de l'enfant qui écoute son histoire.

CHAPITRE X.

Des rapports du Phénix avec l'Égypte, et de son retour dans le pays habité par ses aïeux.

Que serait le Phénix isolé de l'histoire du ciel et de celle de la terre? Un être, non-seulement d'une merveilleuse inutilité, mais inconciliable avec la sagesse qui caractérise l'Egypte. Ainsi que des personnages, une action, un but moral sont les élémens d'une fable bien faite, il ne faut pas s'étonner de trouver l'histoire d'un peuple dans la vie d'un oiseau. On connaît l'amour des nations de l'Orient pour les symboles, leurs livres sacrés en sont remplis; c'était un voile brillant qu'elles jetaient sur tout. Elles n'exposaient guère la vérité nue, aux regards de la multitude toujours avide de mystères.

Partout je vois des traits de ressemblance entre le Phénix et l'Egypte; sauf de légères nuances, ce sont les mêmes goûts, les mêmes penchans, le même caractère. Le climat du pays habité par le Phénix n'est-il pas semblable à celui de l'Egypte? Dans l'un et l'autre le ciel y est pur, serein, sans orages, ni pluie, ni tonnerre, et surtout favorable à l'étude des astres. Cette sérénité du ciel n'y fait-elle pas l'égalité d'humeur, la constance dans les desseins, la règle du travail et des devoirs? Où trouver une image plus vraie du Nil, que dans les débordemens périodiques d'une fontaine sacrée!

On ne promène point ses regards sur les monumens de l'Egypte, sans voir éclater de toutes parts les vives couleurs qui composent la plus belle parure du Phénix. Le palmier consacré au soleil étale son ombre, son fruit, sa tige élancée sur les rivages du Nil; eh bien! le Phénix, oiseau du soleil, construit son nid de mort et de vie sur cet arbre dont il porte le nom, et qui, par un destin commun, meurt et renaît de lui-même.

Qui ne reconnaîtra la sagesse de l'Egypte, sa constance, sa douceur, la pureté de ses mœurs, sa frugalité, son amour pour la justice, son aversion pour la guerre, et le souvenir des bienfaits dans des vertus tout-à-fait semblables, appartenant à l'instinct du Phénix! Cette facile éducation de l'enfance sur les bords du Nil, ne nous est-elle pas représentée par celle du Phénix, qui, sans exiger de soins, s'élève et grandit par une espèce d'enchantement?

L'antiquité de l'Egypte, l'astronomie, tenant le premier rang dans l'ordre de ses connaissances, ses temples transformés en observatoires, la véritable durée de l'année, ont des rapports sensibles avec le Phénix, dont on ignore l'antique origine, qui n'obéit qu'aux lois du soleil, et dont il faut une longue période pour remplir la vie. L'architecture n'a point d'emblème aussi simple et primitif que le nid construit par le Phénix. Ainsi que le cygne, dont les ailes font voile, offrit l'idée première d'un navire. La singularité du Phénix différent des autres oiseaux, n'annonce-t-elle pas celle des Egyptiens différens des autres nations?

De quelque côté que la réflexion se tourne et s'arrête, toujours elle aperçoit des rapports plus frappans. Le Phénix embaumant les dépouilles de son père, nous donne le spectacle des funérailles de l'Egypte. Sa cendre féconde désigne cette passion de l'immortalité, plus opiniâtre chez les Egyptiens que chez toute autre nation. Les monumens, les corps, les ames, tout était ou devait être immortel.

Le Phénix vient se confondre avec l'Egypte dans son apparition; même temple, même sanctuaire, même autel, même culte, même vénération pour le soleil; ses chants sont une musique sacrée ; la flamme odoriférante du bûcher de son père, c'est la flamme de l'encens, le feu des sacrifices ; ainsi, climat, inondations, caractère, mœurs, vertus, éducation, antiquité, astronomie, architecture, singularité, funérailles, chants, religion, immortalité, tout est semblable ; et tant de grandeurs ont été accommodées à la vie d'un oiseau.

Après avoir terminé ses chants, le Phénix prend son vol, quitte l'autel, salue le grand-prêtre, et part d'Héliopolis (1), satisfait d'avoir rendu les derniers devoirs à son père. Chacun loue, admire

---

(1) Epiph. in Physiologo, c. 11 de Phœni.

et publie sa piété semblable à celle d'un tendre fils qui, les yeux noyés de larmes, vient d'accompagner un père au tombeau.

Cette fois la cendre du Phénix est frappée de stérilité, n'ayant pas la vertu d'être deux fois féconde. Après l'avoir recueillie dans des urnes, les prêtres lui donnent la sépulture selon les formes accoutumées (1). On croit qu'elle est un souverain remède pour prolonger la vie (2); mais des prêtres auraient-ils eu l'impiété de faire un commerce sacrilége des cendres de l'oiseau du soleil, habitant de l'Arabie?

(1) Horapollo., l. 2, c. 57; l. 1, c. 35.
(2) Pline, l. 9, c. 1.

Déjà le jeune Phénix soupire après le retour dans la patrie de son père (1); il suit la route des airs qui doit l'y conduire; ses destins sont marqués, ses devoirs l'appellent, le soleil l'attend. Son vol laisse après lui de longues traces de feu; des bataillons d'oiseaux qui sont allés à sa rencontre, lorsque dans le haut des airs il a paru chargé du tombeau de son père, se font une joie de l'accompagner à son départ jusqu'aux régions du pur éther, en faisant entendre mille et mille concerts.

(1) Horapollo., l. 1, c. 35.

FIN.

TABLE

DES CHAPITRES.

FIN DE LA TABLE.

www.ingramcontent.com/pod-product-compliance
Ingram Content Group UK Ltd.
Pitfield, Milton Keynes, MK11 3LW, UK
UKHW020153200726
13856UKWH00003B/980